BEI GRIN MACHT SICH IHR WISSEN BEZAHLT

Carl Schoeneich

Chemische Kampfstoffe

Warum sind chemische Kampfstoffe verboten?

GRIN Verlag

Bibliografische Information der Deutschen Nationalbibliothek:

Die Deutsche Bibliothek verzeichnet diese Publikation in der Deutschen National-
bibliografie; detaillierte bibliografische Daten sind im Internet über http://dnb.d-
nb.de/ abrufbar.

Impressum:

Copyright © 2014 GRIN Verlag, Open Publishing GmbH
Druck und Bindung: Books on Demand GmbH, Norderstedt Germany
ISBN: 978-3-656-66938-8

Dieses Buch bei GRIN:

http://www.grin.com/de/e-book/274052/chemische-kampfstoffe

GRIN - Your knowledge has value

Der GRIN Verlag publiziert seit 1998 wissenschaftliche Arbeiten von Studenten, Hochschullehrern und anderen Akademikern als eBook und gedrucktes Buch. Die Verlagswebsite www.grin.com ist die ideale Plattform zur Veröffentlichung von Hausarbeiten, Abschlussarbeiten, wissenschaftlichen Aufsätzen, Dissertationen und Fachbüchern.

Besuchen Sie uns im Internet:

http://www.grin.com/

http://www.facebook.com/grincom

http://www.twitter.com/grin_com

Warum sind chemische Kampfstoffe verboten?

Facharbeit

Carl Schoeneich

21.02.2014

Lehrer: Herr Gransitzki

Inhaltsverzeichnis

1. Einleitung

In der vorliegenden Facharbeit werde ich mich mit der Frage „Warum sind chemische Kampfstoffe verboten?" auseinandersetzen. Dazu soll zunächst der Begriff „Chemische Kampfstoffe" definiert und die Einteilung der chemischen Kampfstoffe nach ihren militärischen Zielsetzungen und Wirkungsgraden in drei Gruppen vorgestellt werden.

Da die Frage nach dem Verbot dieser Kampfstoffe im Vordergrund steht, werde ich mich im folgenden Kapitel auf die Gruppe der „verlustbringenden Kampfstoffe" konzentrieren. Ihre chemischen Strukturen und Eigenschaften werden analysiert sowie deren verschiedene, meist verheerende physiologische Wirkungsweisen dargestellt.

Nachdem die Tragweite der schädigenden Wirkung chemischer verlustbringender Kampfstoffe erläutert wurde, sollen im 5. Abschnitt die tatsächlichen militärischen Einsätze dieser Kampfstoffe in unterschiedlichen kriegerischen Auseinandersetzungen der Geschichte aufgelistet und deren Auswirkungen, zum Teil bis in die heutige Zeit, verdeutlicht werden.

Es bestehen internationale Abkommen gegen chemische Kampfstoffe. Sie sollen am Ende dieser Arbeit genannt werden. Dass diese ihre Berechtigung haben und unbedingt eingehalten werden sollten, hoffe ich während der Auseinandersetzung mit diesem Thema bekräftigen zu können und damit die im Titel gestellte Frage zu beantworten.

2. Definition

Um zu verdeutlichen, was chemische Kampfstoffe im Allgemeinen sind, ist diese Definition hilfreich:

„Chemische Kampfstoffe sind chemische Substanzen für den militärischen Einsatz mit folgenden Zielen:

> ➤ den Gegner zu töten, zu schädigen oder zeitweilig gefechtsunfähig zu machen,
> ➤ das Leben im Hinterland zu stören,
> ➤ den Nachschub zu verzögern oder zu [unterbinden],
> ➤ die Kampfmoral zu brechen,
> ➤ Panik, Angst und Schrecken unter der Zivilbevölkerung auszulösen"[1]

3. Arten chemischer Kampfstoffe

Die chemischen Kampfstoffe lassen sich in drei Gruppen einteilen.

- Verlustbringende Kampfstoffe
- Störende Kampfstoffe
- Sonstige Kampfstoffe

3.1. Verlustbringende Kampfstoffe

Als verlustbringende Kampfstoffe werden die Kampfstoffe bezeichnet, welche „entweder den Tod oder längere Ausfälle zur Folge"[2] haben. Welche dieser beiden Möglichkeiten eintritt, also, wie letal[3] die Waffe ist, entscheidet die Dosis und die mittlere letale Konzentration[4]. Diese „gibt an, wie hoch die Konzentration eines Stoffes in Milligramm pro Kubikmeter Luft sein muss, um bei einer Einwirkungszeit von einer Minute einen Menschen mit einer Wahrscheinlichkeit von 50 Prozent zu töten"[5]. Dabei gilt, je niedriger der Wert, desto höher die Letalität[6].

In Abschnitt 4 soll noch genauer auf diese Kampfstoffe, ihre Eigenschaften, ihre Struktur und Wirkungsweise eingegangen werden.

---

[1] (Schnedlitz, 2008, p. 5)
[2] (Schnedlitz, 2008, p. 24)
[3] letal: Syn. tödlich (Dudenredaktion, 2009, p. 685)
[4] Auch LCt_{50} genannt; Einheit: mg*min/m³
[5] (Weiden, 2013)
[6] Vgl. (Weiden, 2013)

3.2. Störende Kampfstoffe

Im Gegensatz zu verlustbringenden Kampfstoffen haben störende Kampfstoffe nur das Ziel, die kontaminierte Person vorübergehend handlungsunfähig zu machen. Dabei gilt jedoch, sollte ein störender Kampfstoff in sehr hoher Konzentration eingesetzt werden, kann auch er tödlich wirken.

Zu den störenden Kampfstoffen gehören wiederum auch weitere Untergruppen:

Abbildung 1
Übersicht störender Kampfstoffe
Vgl. (Weigl, 2003)

Einige Reizkampfstoffe werden nicht nur vom Militär eingesetzt, sondern auch von der Polizei und sind teilweise sogar frei verkäuflich.

3.3. Sonstige Kampfstoffe

Als sonstige Kampfstoffe werden Kampfstoffe bezeichnet, die nicht eindeutig einer Kampfstoffklasse zugeordnet werden können.

Dazu zählen pflanzenschädigende Kampfstoffe, die auch als Herbizide bezeichnet werden können, und Toxine, bei den jedoch umstritten ist, ob diese zu chemischen oder biologischen Kampfstoffen zählen.

4. Verlustbringende Kampfstoffe

4.1. Nervenkampfstoffe

4.1.1. Eigenschaften und Struktur

Nervenkampfstoffe, auch Nervengifte genannt, „zählen zu den gefährlichsten und tödlichsten chemischen Kampfstoffen"[7]. Dies liegt daran, dass sie sehr schwer zu erkennen sind, da sie farb- und geruchlos sind. Nachdem sie als Flüssigkeit über die Haut, die Augen oder die Atemwege aufgenommen wurden, stören sie das Nervensystem der infizierten Person so, dass der Tod innerhalb von Sekunden bis Minuten eintritt.

Abbildung 2
Gasmaskeneinsatz gegen Giftgas im 2. Weltkrieg
http://images.zeit.de/wissen/geschichte/2013-07/s20-gasmasken/s20-gasmasken-540x304.jpg

„Die als Nervenkampfstoffe eingesetzten Substanzen sind organische Phosphorsäure- oder Phosphonsäureverbindungen und haben eine gemeinsame Grundstruktur."[8]

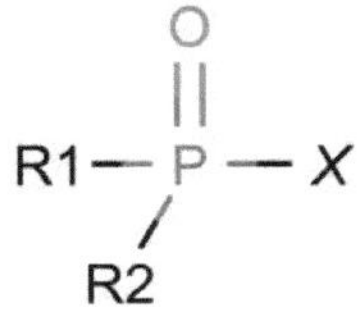

$$R1 - \overset{\overset{\displaystyle O}{\|}}{\underset{\diagup}{P}} - X$$
$$R2$$

R1, R2 ... Alkyl[9]-; Alkoxy[10]-; Dialkylamidrest[11]

X ... Säurerest

4.1.2. Reihen

Man unterscheidet sie in drei Reihen, die G-Reihe, die V-Reihe und die Novichok-Reihe.

Die **G-Reihe** ist der Anfang aller Nervenkampfstoffe und wurde von Gerhard Schrader, einem deutschen Chemiker, synthetisiert. Zu ihr gehören die Stoffe Tabun, der als Erstes im Jahr 1936 entwickelt wurde, Sarin, Soman, Cyclosarin und GV.

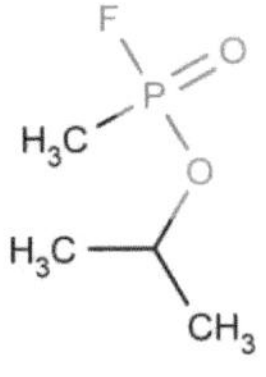

Der wohl bekannteste Stoff dieser Reihe ist **Sarin** ($C_4H_{10}FO_2P$), auch Fluorphosphonsäuremethylisopropylester genannt. Er ist wie die meisten Nervenkampfstoffe eine

Abbildung 3
Molekülstruktur Sarin

---

[7] (Schnedlitz, 2008, p. 25)
[8] (Schnedlitz, 2008, p. 25)
[9] Alkylgruppe: Teil eines Moleküls; besteht aus miteinander verbundenen Kohlenstoff- und Wasserstoffatomen (Dudenredaktion, 1982, pp. 26-27)
[10] Alkoxygruppe: Funktionelle Gruppe; basiert auf einer mit einem Sauerstoffatom verbundenen Alkylgruppe (Wikipedia-Autoren, 2013)
[11] Dialkylamidgruppe: Verbindung zwischen einer Alkyl- und einer Amidgruppe (Academic, 2012)

geruchlose farblose, höchstens leicht bernsteinfarbige, ölige Flüssigkeit[12]. Sarin wird über die Haut, die Atemwege und die Augen in den Körper aufgenommen und hat eine mittlere letale Konzentration von 70 bis 80 mg*min/m³.

Die **V-Reihe** wurde von dem Chemiker Dr. Ranajit Ghosh eingeläutet. 1954 wurde der erste Stoff dieser Reihe, das VG, offiziell vorgestellt. Später beteiligte sich Lars-Erik Tammelin, ein schwedischer Forscher, an der Entwicklung der V-Reihe, die um einiges stabiler und giftiger ist als die G-Reihe. Zu der Reihe gehören weiterhin die Nervenkampfstoffe VX, VR, VE, VM, VR, VM, VX, VS, EA-2192 und EA-3148. Dabei wurden bisher jedoch nur das VX und VR militärisch verwendet.

Der etwa doppelt so giftige Stoff **VX** ($C_{11}H_{26}NO_2PS$), wie Sarin, auch Methylphosphonothioic acid, mit einer mittleren letalen Konzentration von 50 mg*min/m³, ist wie Sarin eine farb- und geruchlose Flüssigkeit. Er dringt ebenfalls über die Haut, die Atemwege und die Augen in den Körper ein.

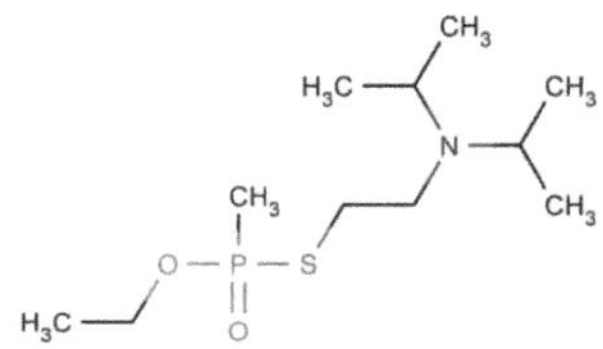

Abbildung 4
Molekülstruktur VX

Die letzte Reihe, die **Novichok-Reihe**, ist eine neuartige sowjetische Entwicklung, die noch einmal um ein Vielfaches stärker sein soll als die V-Reihe. Diese Serie enthält über hundert Entwicklungen, von denen viele nicht namentlich bekannt sind.

Eines der stärksten je hergestellten Gifte ist der Stoff **Novichok-8**[13]. Er ist wie die meisten aller Nervenkampfstoffe eine farb- und geruchlose Flüssigkeit und wird ebenfalls über die Augen, die Atemwege und die Haut aufgenommen. Mit einem LCt_{50}-Wert von 5 mg*min/m³ ist es noch einmal zehnmal so stark wie VX und tötet innerhalb von Sekunden bis Minuten[14].

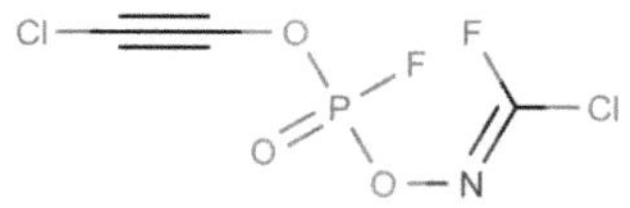

Abbildung 5
Molekülstruktur eines Novichok-Giftes

4.1.3. Wirkung und Symptome

Die Übermittlung von Reizen im menschlichen Körper vom Zentralnervensystem an die Endorgane erfolgt über Nervenzellen. Die Synapsen, welche die Nervenzellen mit anderen Zellen verbinden, übertragen die Reize über den synaptischen Spalt. Dies geschieht mithilfe von Acetylcholin, einem Neurotransmitter, der durch Rezeptoren aufgenommen wird und dort eine Reizung auslöst. Diese verursacht zum Beispiel eine Kontraktion der Muskulatur. Nach der Übertragung des Reizes wird das Acetylcholin durch das Enzym Acetylcholinesterase gespalten, wodurch der Muskel entspannen kann.

---

[12] Vgl. (Schnedlitz, 2008, p. 27)
[13] Formel nicht bekannt
[14] Vgl. (A. Ochsenbein, 2003, p. 2)

Das Nervengift jedoch hemmt das Enzym, welches nun nicht mehr das Acetylcholin spalten kann. Nun entsteht im synaptischen Spalt eine hohe Konzentration an Acetylcholin, was eine dauerhafte Reizung mit sich führt.

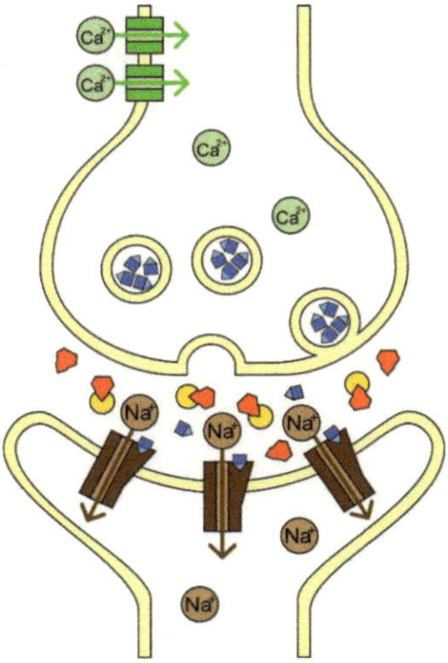

Symptome sind zu Beginn Kopfschmerzen, Schweißausbrüche, erhöhter Speichelfluss, Nasenlaufen, eine verstärkte Sekretbildung mit Tränenfluss sowie eine Pupillenverengung mit folgenden Sehstörungen. Die Hauptsymptome folgen. Diese sind Erbrechen, Muskelkrämpfe und –zittern. Außerdem wird die Kontrolle über Stuhl- und Harnabgang verloren. Des weiteren kommt es zu Übertragungsstörungen im Gehirn, welche sich durch Verwirrtheit, Angst, Erregung, sowie Schwäche äußern. Der Tod tritt mit einer Atemlähmung und Kreislaufstillstand ein.[15]

Abbildung 6
Hemmung von Acetylcholinesterase durch Nervenkampfstoffe
Acetylcholin
Acetylcholinesterase
Nervengift
(http://upload.wikimedia.org/wikipedia/commons/5/54/Sarin_Wirkungsweise.png)

4.2. Hautkampfstoffe

Bei Hautkampfstoffen handelt es sich meistens um Flüssigkeiten, die bei Berührung die Haut schwer verätzen. Sie können aber auch in gesiedeter Form über die Atemwege dem Körper von innen schwere Verätzungen zufügen. Eigentlich sollte die kontaminierte[16] Person, durch die weniger gefährlichen Hautkampfstoffe als Nervenkampfstoffe, nur verletzt und kampfunfähig gemacht werden. Da Personen trotzdem getötet werden können, sind es verlustbringende Kampfstoffe.

Es gibt drei Formen von Hautkampfstoffen, welche alle in ihrer Struktur unterschiedlich sind. Es gibt Loste, arsenhaltige Kampfstoffe und Nesselstoffe.

4.2.1. Loste

Loste werden in Schwefellost[17] und Stickstofflost[18] unterschieden. Sie wurden von den Chemikern **Lo**mmel und **St**einkopf entwickelt, daher auch der Name[19].

4.2.1.1. *Eigenschaften und Struktur*

Schwefellost ($C_4H_8Cl_2S$), auch Bis(2-chlorethyl)sulfid, ist ein Hautkampfstoff mit einem LCt_{50}-Wert von 1350 mg*min/m³, der

Abbildung 7
Molekülstruktur Schwefellost/Senfgas

---

[15] Vgl. (Schnedlitz, 2008, p. 29)
[16] kontaminiert: verunreinigt (Dudenredaktion, 2009, p. 641)
[17] Auch S-Lost oder Senfgas genannt
[18] Auch N-Lost genannt
[19] Vgl. (Schnedlitz, 2008, p. 30)

nicht zwingend als tödlich gilt. Er ist eine geruchlose und farblose bis gelbliche Flüssigkeit, die Beton, Leder, Kunstfasern, Ziegel und Holz durchdringt. Da es eine hohe Löslichkeit in Fett hat, dringt es besonders schnell in die Haut ein[20] und wirkt innerhalb von dreißig Minuten bis drei Stunden.

Stickstoffloste „gehören zu der Gruppe der tertiär alkylierten Amine. Alle Stickstofflloste haben dieselbe Grundstruktur"[21]. Sie unterscheiden sich nur in der Alkylgruppe und ihren physikalischen Eigenschaften.

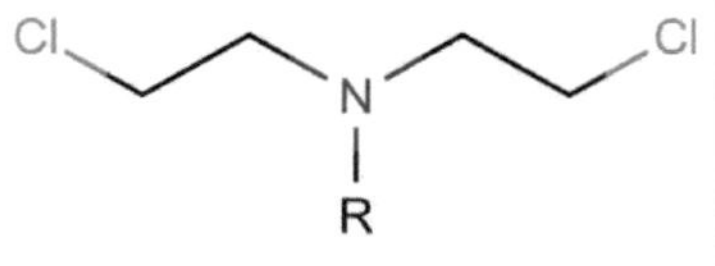

R … Alkylgruppe

Einer ihrer Vertreter ist der Hautkampfstoff **HN-1** ($C_6H_{13}Cl_2N$), auch N-Ethyl-bis(2-chlorethyl)-amin, welcher eine ölige, farblose Flüssigkeit ist und einen leichten fischartigen Geruch besitzt.

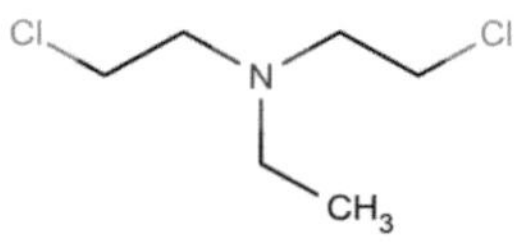

Als Alkylgruppe besitzt das N-Lost eine Ethylgruppe, also CH_2 - CH_3. Es wirkt innerhalb von 1 bis 6 Stunden ein und hat eine mittlere letale Konzentration von 1500 mg*min/m³.

Abbildung 8
Molekülstruktur HN-1

4.2.1.2. *Wirkung und Symptome*

Loste wirken im Körper des Opfers als alkylierende[22] Verbindungen und schädigen, bzw. zerstören teilweise die Erbanlagen der betroffenen Zellen. Durch die Alkylierung der Nucleinsäuren[23] kommt es im Zellkern zu einer Veränderung der Erbinformationen. Dadurch wird die Zellteilung stark behindert, wovon besonders Haut, Knochenmark, Darmschleimhaut und Lymphknoten betroffen sind[24]. Dies ist zwar nicht tödlich, aber es kommt zu Mutationen und Missbildungen, ebenso steigt das Krebsrisiko. Außerdem wird durch Loste die Bildung von weißen Blutkörperchen gehemmt.

Die ersten Symptome treten bei S-Loste schneller auf als bei N-Loste, wobei sich die Symptome an der Stärke der Vergiftung unterscheiden.

Bei einer leichten Vergiftung treten die ersten Symptome nach einer Latenzzeit[25] von 6 bis 8 Stunden ein. Dieser entzündliche Verlauf besteht aus Rötungen und Schwellungen

---

[20] Vgl. (Schnedlitz, 2008, p. 31)
[21] (Schnedlitz, 2008, p. 31)
[22] Alkylierung: Transfer von Alkylgruppen zwischen zwei Molekülen (Dudenredaktion, 1982, p. 27)
[23] DNS, RNS
[24] Vgl. (Schnedlitz, 2008, p. 32)
[25] Latenzzeit: Zeit zwischen Vergiftung und dem Eintreten erster Symptome (Dudenredaktion, 2009, p. 674)

der infizierten Hautstellen. Nach 5 bis 10 Tagen heilen die Stellen mit verstärkter Schuppung und bräunlicher Haut.

Bei einer höheren Konzentration kommt es zu einem bullösen Verlauf. Dieser tritt nach 6 bis 12 Stunden ein. Nachdem der entzündliche Verlauf abgeschlossen ist, bilden sich Blasen auf der inzwischen ledernen Haut und es kommt zum Austritt von Wundsekret.

Die kleineren Blasen auf der Haut verschmelzen mit der Zeit zu großen Blasen zusammen. Bei diesem Prozess wird die Oberhaut zerstört. Der Heilungsprozess dauert etwa 1 bis 3 Monate.

Sollten die Augen betroffen sein, führt dies über Tränenfluss, Verminderung der Sehleistung, Lichtscheue und Schmerzen zu Entzündungen an Horn- und Bindehaut. Dies kann zur Erblindung führen.

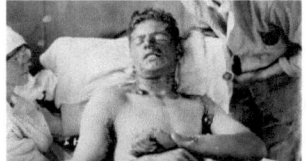

Abbildung 9
Senfgasopfer im 1. Weltkrieg
http://bilder1.n-tv.de/img/incoming/crop2702776/9184996265-cImg_16_9-w680/Mustard-gas-burns.jpg

Falls der Kampfstoff inhaliert wurde, kommt es zu einer Bronchitis, Fieber von bis zu 40 °C und Schnupfen. Auch Atemnot und Lungenentzündungen mit tödlichen Folgen können auftreten. In jedem Fall bleiben Folgeschäden wie chronische Bronchitis, Lungenkrebs oder weitere Erkrankungen der Atemwege.

4.2.2. Arsenhaltige Hautkampfstoffe

4.2.2.1. Eigenschaften und Struktur

Arsenhaltige Hautkampfstoffe sind chemische Verbindungen aus Arsen und Wasserstoff, auch Arsindihalogenide[26] genannt, in denen Chlor das Halogen ist. Da Lewisit der bekannteste dieser Reihe ist, soll hier nur auf ihn eingegangen werden.

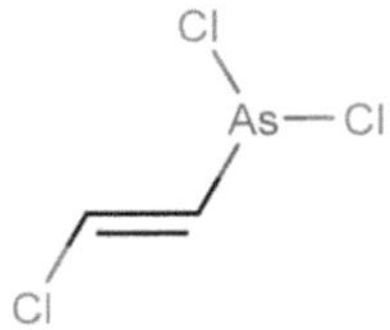

Lewisit ($C_2H_2AsCl_3$) oder 2-Chlorvinylarsindichlorid, oft auch als „Todestau" bezeichnet, ist eine Arsenverbindung, die als eine ölige Flüssigkeit vorkommt, welche sehr flüchtig ist. Die reine, farblose bis braune, Form des Kampfstoffes ist geruchlos, wogegen das technische Produkt nach Geranien riecht.

Abbildung 10
Molekülstruktur Lewisit

Aufgrund der schon angesprochenen hohen Flüchtigkeit kommt Lewisit meist nur in Form einer Mischung vor. Die am häufigsten benutzte Mischung Lewisit Lost, eine Mischung aus 63% Lewisit und 37% S-Lost[27].

---

[26] Halogenide: Verbindungen zwischen Halogenen (7. Hauptgruppe) und stärker elektropositiven Elementen, also Elementen mit sehr geringer Elektronegativität (Brockhaus-Lexikonredaktion, 2003, p. 2866)
[27] Vgl. (Schnedlitz, 2008, p. 34)

4.2.2.2. Wirkung und Symptome

Lewisit kann über die Haut, die Atemwege und die Augen in den Körper gelangen. Seine Wirkung entfaltet sich, wenn der Kampfstoff mit den Proteinen des Körpers reagiert. Dadurch verursacht Lewisit eine starke Störung im Stoffwechsel.

Bei Berührung mit dem Hautkampfstoff kommt es sofort zu zu einem Brennen der Hautstelle, was mit einem Juckreiz verbunden ist. Nach einer Latenzzeit von 30 Minuten äußert sich seine Wirkung bei einer oberflächlichen Vergiftung durch Rötungen und Hautausschläge. Nach 12 Stunden bilden sich Blasen, welche nach 3 bis 4 Tagen zerfallen und innerhalb von 3 Wochen ausheilen. Sollte jedoch eine starke Vergiftung vorliegen, so bilden sich Blasen auch durch tiefere Hautschichten, was ein sehr schmerzhaftes Absterben der betroffenen Hautstellen nach sich zieht.

4.2.3. Nesselstoffe

4.2.3.1. Eigenschaften und Struktur

Nesselstoffe sind halogenierte Oxime[28] mit vielfältiger Giftwirkung[29].

Der einzige militärisch verwendete Nesselstoff ist **Phosgenoxim** ($CHCl_2NO$), auch Dichlorformoxin, weshalb sich dieser Absatz nur auf dieses Gift bezieht. Es ist ein kristalliner Feststoff, welcher gelb bis gelbbraun ist. Eingesetzt wird es als Pulver oder Aerosol[30]. Das Halogen in dieser Verbindung ist Chlor.

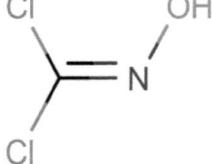

Abbildung 11
Molekülstruktur
Phosgenoxim

4.2.3.2. Wirkung und Symptome

Wie Nesselstoffe wirken, ist noch nicht vollständig erforscht[31]. Es wird jedoch vermutet, dass Nesselstoffe mit den Eiweißstoffen in der Haut des Menschen reagieren. Da es gegen sie noch keine Gegenmittel gibt, können sie uneingeschränkt auf die Haut, die Atemwege und Augen wirken.

Bei Berührung mit Nesselstoffen treten ohne Latenzzeit ein Brennen der Haut, ähnlich wie bei einer Brennnessel, Schwellungen und Entzündungen auf. Sollten Nesselstoffe in Kontakt mit den Augen kommen, dann führt das unweigerlich zu Tränenfluss, Augenschmerzen und einer vorübergehenden Schwächung der Sehkraft. Weiterhin können Kreislaufstörungen, Kopfschmerzen, Angstzustände und Lungenödem[32] auftreten.

---

[28] Oxime: Organische chemische Verbindungen; enthalten die Gruppierung C=N−OH (Dudenredaktion, 1982, pp. 269-270)
[29] Vgl. (Schnedlitz, 2008, p. 35)
[30] Aerosol: Gemisch aus festen oder flüssigen Schwebeteilchen und einem Gas (Dudenredaktion, 1982, p. 11)
[31] Vgl. (Schnedlitz, 2008, p. 36)
[32] Lungenödem: Ansammlung von Körpersäften in der Lunge (Prof. Dr. Dr. Willibald Pschyrembel, 1990, p. 985)

4.3. Blutkampfstoffe

Blutkampfstoffe sind chemische Kampfstoffe, die über die Atemwege in die Blutbahn geraten und dort die Sauerstoffversorgung behindern. Da sie sehr flüchtig sind, ist es nicht möglich, einen Ort dauerhaft zu kontaminieren.

Sie werden in zwei Kategorien unterteilt.

4.3.1. Zellgifte

4.3.1.1. Eigenschaften und Struktur

Die erste Gruppe der Blutkampfstoffe sind Zellgifte. Da es bei ihnen nur wenige ähnliche chemische Verbindungen gibt und Blausäure wohl die bekannteste von ihnen ist, soll hier nur dieser Stoff betrachtet werden.

Blausäure (HCN), auch als Zyanwasserstoff bezeichnet, ist eine farblose, brennbare Flüssigkeit und Säure, kann aber auch in Gasform auftreten. Sie riecht nach Bittermandeln, in denen auch kleine Mengen Blausäure vorkommen. Da sie das Nitril[33] der Ameisensäure ist, kann sie als organische Verbindung bezeichnet werden.[34]

Abbildung 12
Molekülstruktur Blausäure

Außerdem hat es eine mittlere letale Konzentration von 2000 – 5000 mg*min/m³, welche bei hoher Konzentration innerhalb von Sekunden zum Tod führen kann.

Erstmals wurde Blausäure im Jahr 1782 von K. W. Scheele hergestellt.

4.3.1.2. Wirkung und Symptome

Das Zellgift **Chlorcyan** (CNCl), mit einer mittleren letalen Konzentration von 7000 – 11000 mg*min/m³, das Blausäure sehr ähnlich ist, haben eine identische Wirkungsweise.

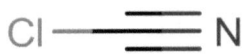

Abbildung 13
Molekülstruktur Chlorcyan

Sie wirken durch die Hemmung des Enzyms Cytochromoxidase, welches sehr wichtig für die Atmung ist. Durch die Hemmung dieses Enzyms können die Erythrozyten[35] keinen Sauerstoff mehr an die Zellen abgegeben. Egal, wie der Stoff aufgenommen wurde, es tritt eine innere Erstickung ein.

Symptome sind schwere Krämpfe und Atemnot, welche tödlich sein kann.

Arsenwasserstoff (AsH₃), ein Zellgift mit einem LCt_{50}-Wert von 5000 mg*min/m³, hingegen wirkt, indem er die Membran der Erythrozyten zerstört. Dadurch kann es zu

---

[33] Nitril: Organische Verbindung der Form $R - C \equiv N$ (Dudenredaktion, 1982, pp. 253-254)
[34] Vgl. (Seilnacht, kein Datum)
[35] Erythrozyt: Syn. rote Blutkörperchen (Schmidt, 1985, p. 422)

einer Anämie[36] kommen, wodurch ebenfalls die Sauerstoffversorgung unterbrochen wird.

Sollte der Stoff über die Atemwege in den Körper gelangt sein, so treten die ersten Symptome nach einer Latenzzeit von 1 bis 6 Stunden auf. Diese sind Frösteln, Schwindelgefühl, Fieber, Kopfschmerzen Leibschmerzen sowie Erbrechen. Im weiteren Verlauf der Vergiftung kann es zu dunkelrotem Harn, rosiger Hautfarbe und einer Pupillenerweiterung kommen. Sollte jedoch eine starke Vergiftung vorliegen, so kann es zu Lähmungen im Gehirn und akutem Nierenversagen kommen. [37]

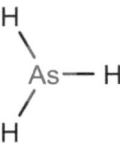

Abbildung 14
Molekülstruktur
Arsenwasserstoff

4.3.2. Blutgifte

4.3.2.1. *Eigenschaften und Struktur*

Die zweite Gruppe dieser Kampfstoffart sind Blutgifte. In dieser Gruppe ist der Hauptvertreter **Kohlenstoffmonoxid (CO)**.

Es ist ein farb-, geruch- und geschmackloses giftiges Gas, welches nicht gezielt als Kampfstoff eingesetzt wird, sondern nur als das Produkt von Einsätzen chemischer Brandstoffe vorkommt, wie zum Beispiel Napalm.[38]

Abbildung 15
Molekülstruktur
Kohlenstoffmonoxid

Da Kohlenstoffmonoxid jedoch in einem Disproportionierungsgleichgewicht[39] mit Kohlenstoffdioxid und Kohlenstoff steht, ist es eine metastabile[40] Verbindung und so ein relativ flüchtiges Gas.

4.3.2.2. *Wirkung und Symptome*

Kohlenstoffmonoxid, der Stoff mit einer mittleren letalen Konzentration von 70000 mg*min/m³ hat nur eine sehr kurze Latenzzeit und wirkt nach einigen Sekunden, nachdem es über die Atemwege in die Blutbahn gelangt ist.

Dort bindet es sich rund 300-mal stärker als Sauerstoff an Hämoglobin[41], welches eigentlich Sauerstoff in den Erythrozyten transportieren sollte. Dadurch wird wie bei den Zellgiften die Sauerstoffversorgung gestört. Laut dem LD_{50}[42]-Index ist Kohlenstoffmonoxid zwar nicht tödlich, doch sollten mehr als ⅔ des Hämoglobins

---

[36] Anämie: Erythrozytenmangel (Prof. Dr. Dr. Willibald Pschyrembel, 1990, p. 70)

[37] Vgl. (Schnedlitz, 2008, pp. 38-39)

[38] Vgl. (Schnedlitz, 2008, p. 39)

[39] Disproportionierung:Gleichzeitiger Übergang der Oxidationszahl eines Elementes in eine höhere und tiefere Oxidationszahl (Dudenredaktion, 1982, p. 104)

[40] Metastabilität: Stabilität gegen kleine Änderungen, aber instabil gegen große Änderungen (Brockhaus-Lexikonredaktion, 2003, p. 4767)

[41] Hämoglobin: Farbstoff der Erythrozyten; für Sauerstofftransport zuständig indem Sauerstoff locker an das Hämoglobin gebunden wird (Dudenredaktion, 1982, p. 157)

[42] LD_{50}: Dosis eines bestimmten Stoffes, der mit einer Wahrscheinlichkeit von 50% tödlich wirkt (Brockhaus-Lexikonredaktion, 2003, p. 4294)

durch Kohlenstoffmonoxid gebunden sein, so kommt es zum Stillstand der Gewebs- und Gehirnatmung.[43]

Erste Symptome einer Kohlenstoffmonoxidvergiftung sind Kopfschmerzen, Schwindel, Kurzatmigkeit, Übelkeit, Erbrechen. Spätere Symptome sind dann Bewusstlosigkeit, Sinken der Körpertemperatur und Gliederlähmung. Der Tod tritt durch eine innere Erstickung ein.

4.4. Lungenkampfstoffe

Lungenkampfstoffe sind die ältesten chemischen Kampfstoffe[44], die meist in Form von Gas oder Aerosolen vorkommen. Sie dringen über die Atemwege in den Körper ein und unterbinden dort den Gasaustausch des Blutes.

4.4.1. Eigenschaften und Struktur

Lungenkampfstoffe haben eine sehr einfache Struktur, die immer eine Chlor-Kohlenstoffverbindung enthalten.

Einer der Hauptvertreter der Lungenkampfstoffe ist **Perstoff** ($C_2O_2Cl_4$), auch als Diphosgen oder Trichlormethylchlorkohlensäureester bezeichnet.

Perstoff ist eine blassgelbe und ölige Flüssigkeit, die sehr flüchtig ist und eine Persistenz[45] von nur 4 Stunden hat[46]. Aufgrund dieser hohen Flüchtigkeit wird Perstoff meistens als Mischung mit anderen Stoffen verwendet.

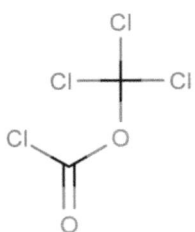

Abbildung 16
Molekülstruktur Perstoff

Der Lungenkampfstoff besteht aus zwei Phosgenmolekülen, in die er sich unter Wärmeeinfluss zersetzt. **Phosgen** ($COCl_2$) ist ebenfalls einer der Hauptvertreter der Lungenkampfstoffe.

Beide Kampfstoffe haben eine mittlere letale Konzentration von 3200 mg*min/m^3 und sind laut dem LD_{50}-Index über die Haut nicht tödlich. Eine weitere Gemeinsamkeit ist, dass sie beide erst nach einer Latenzzeit von etwa 3 Stunden wirken.

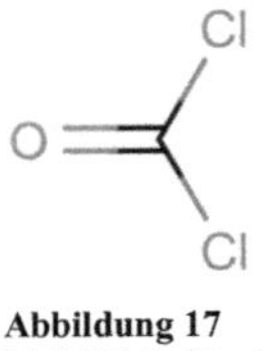

Abbildung 17
Molekülstruktur Phosgen

4.4.2. Wirkung und Symptome

Lungenkampfstoffe haben alle die gleiche Wirkungsweise. Nachdem der Kampfstoff in den Körper eingedrungen ist, beginnt er jedoch erst an den unteren Atemwegen[47] zu

---

[43] Vgl. (Schnedlitz, 2008, p. 39)
[44] Vgl. (Schnedlitz, 2008, p. 40)
[45] Persistenz: Beständigkeit organischer Stoff in der Umwelt (Brockhaus-Lexikonredaktion, 2003, p. 5633)
[46] Vgl. (A. Ochsenbein, 2003, p. 3)
[47] Untere Atemwege: Atemwege mit Kehlkopf beginnend, folgend die Luftröhre und gesamter Bronchialaufbau (Prof. Dr. Dr. Willibald Pschyrembel, 1990, p. 145)

wirken, weil er sehr schlecht in Wasser löslich ist und so an den oberen Atemwegen[48] keinen Schaden anrichten kann.

In den Lungenbläschen zersetzt sich der Kampfstoff zu Kohlenstoffdioxid und Salzsäure, wodurch das gesamte Lungengewebe geschädigt wird[49]. Aufgrund dieser Schädigung kann Blut in die Lungenbläschen eindringen, was wiederum zu einem Lungenödem führt. Durch die Ansammlung des Blutes in der Lunge wird der Gasaustausch gestört, wodurch der Tod durch Ersticken oder ein Kreislaufkollaps eintreten kann.

Nach einem halben bis ganzen Tag treten die ersten Symptome auf. Diese sind zuerst einfache Reizerscheinungen wie Kratzen im Hals, Übelkeit, Hustenreiz, Schwindel, Brechreiz und Engegefühl im Brustraum. Anschließend kommt es zu einem symptomfreien Zeitraum, wodurch dieser Vergiftung besonders heimtückisch ist. Darauffolgend treten dann die Symptome eines Lungenödems auf, die aus Atemnot, Rasselgeräuschen in der Lunge, blutroter Färbung der Haut, bräunlichem Schaum aus Nase und Mund sowie Angstzuständen und Unruhe bestehen[50].

---

[48] Obere Atemwege: Atemwege, aus Nasenhöhle und ihren Nebenhöhlen sowie dem Rachen bestehend (Prof. Dr. Dr. Willibald Pschyrembel, 1990, p. 145)
[49] Vgl. (Schnedlitz, 2008, p. 41)
[50] Vgl. (Schnedlitz, 2008, pp. 41-42)

5. Einsatz chemischer Kampfstoffe

Nachdem bisher die verschiedenen Arten chemischer Kampfstoffe mit ihren Eigenschaften und Wirkungsweisen beschrieben wurden, soll in diesem Abschnitt nun die Tragweite ihrer Wirkung verdeutlicht werden, indem ihr realer Einsatz in verschiedenen militärischen Konflikten erläutert wird.

Abbildung 18
Wichtige und populäre militärische Auseinandersetzungen mit Einsatz chemischer Kampfstoffe

5.1.   Erster Weltkrieg

Der Erste Weltkrieg war, trotz der Verpflichtung vieler Staaten in der Haager Landkriegsordnung (siehe 6.1) auf Verzicht der „Verwendung von Gift oder vergifteten Waffen"[51], der Schauplatz, der ersten und bisher größten militärischen Auseinandersetzung mit chemischen Kampfstoffen.

Nach mehreren fehlgeschlagenen Angriffen, aufgrund der fehlenden Erfahrung im Einsatz chemischer Kampfstoffe, setzte Deutschland im Januar 1915, nach Vorschlag des Nobelpreisträgers Prof. Dr. Fritz Haber, an der erstarrten Westfront als erster Kriegsteilnehmer Chlorgas aus meterhohen Gasflaschen ein[52]. Dies wurde einer der ersten „erfolgreichen" Einsätze chemischer Kampfstoffe, der zahlreiche Tote und Verletzte forderte.

---

[51] (BSB München, 1907, p. 19)
[52] Vgl. (Schnedlitz, 2008, p. 11)

Am 22. April 1915, dem „schwarzen Tag von Ypern", startete der erste feldmäßige Blasangriff der Deutschen. Dafür wurden 5730, mit Chlorgas gefüllte, Gasflaschen über eine Strecke von 6 km eingegraben. Insgesamt 30 000 kg Chlor forderte auf französischer Seite 5 000 Tote und 15 000 Verletzte.

Karte 1
Ypern auf der Karte Belgiens

Der Einsatz von weiteren 468 t Chlor folgte. Statt der Gasflaschen wurden bald Gasgranaten verwendet, die einen Überraschungsangriff ermöglichten.

Später wurde auch der Kampfstoffe Phosgen (CCl_2O) von allen Kriegsteilnehmern eingesetzt.

Sein Einsatz bei Verdun im Februar 1916 verursachte hohe Verluste auf deutscher Seite.[53]

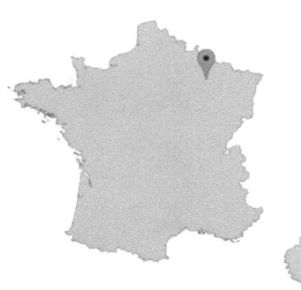

Karte 2
Verdun auf der Karte Frankreichs

Perstoff (siehe 4.4) wurde erstmals durch die deutsche Armee verwendet. In der Schlacht bei Verdun, Mai 1916, wurden über 100 000 Granaten verschossen.[54]

Zwei Monate später, am 1. Juli 1916, schlug der erstmalige Einsatz von Blausäure (siehe 4.3.1) auf Seiten der Franzosen, aufgrund der hohen Flüchtigkeit des Kampfstoffes fehl.

Im August 1916 setzten erstmals die Russen Chlorpikrin, einen Lungenkampfstoff, gegen die Deutschen ein.

Ein weiterer verheerender Schritt im Einsatz von chemischen Kampfstoffen erfolgte durch die Deutschen mit CLARK 1 ($C_{12}H_{10}AsCl$). Dieser Kampfstoff war in der Lage die Schutzmasken des Feindes zu überwinden, da diese keinen Schwebstofffilter besaßen.[55] Als einige Soldaten ihre Gasmaske abnahmen, wurden sie von anderen tödlichen Kampfstoffen verletzt bzw. getötet.

Senfgas (siehe 4.2.1) wurde 1917 erstmals durch die Deutschen eingesetzt. Es gab hohe Verluste auf Seiten der Franzosen und Engländer.

Am 24. Oktober 1917 setzte auch Österreich chemische Kampfstoffe gegen Italien ein.

Auch der zweite Typ der Hautkampfstoffe, arsenhaltige Hautkampfstoffe (siehe 4.2.2), wurde 1918 eingesetzt.

---

[53] Vgl. (A. Ochsenbein, 2007, p. 3)
[54] Vgl. (Schnedlitz, 2008, p. 13)
[55] Vgl. (Schnedlitz, 2008, p. 13)

Insgesamt starben im gesamten Verlauf des 1. Weltkrieges etwa 100 000 Menschen an den Folgen chemischer Kampfstoffe. Eine weitere Million Soldaten erlitten Folgeschäden.

Trotzdem brachten die chemischen Kampfstoffe nicht den „gewünschten umfassenden Erfolg". So hatte der Krieg auch den Effekt der Erprobung dieser neuen Art von Waffe und der Beschleunigung ihrer Weiterentwicklung.[56]

5.2. Zweiter Weltkrieg

In der Zeit bis 1939 hatten sich die damaligen Großmächte, trotz des Genfer Protokolls (siehe 6.2), ein sehr umfassendes Arsenal an chemischen Kampfstoffen errichtet.[57]

Dennoch wurden im 2. Weltkrieg unerwartet wenig chemische Kampfstoffe eingesetzt. Dies ist darauf zurückzuführen, dass Adolf Hitler selbst fürchtete, Opfer eines Giftgasangriffes zu werden sowie, dass chemische Kampfstoffe nicht zu der Blitzkriegsstrategie passten.

Es gab jedoch einige Einzelfälle, in denen es zum Einsatz chemischer Kampfstoffe kam.

Man sollte jedoch nicht vergessen, dass die im Schlachtfeld als ungeeignet geltenden toxischen Gase einen anderen grausamen Einsatzbereich bekamen. So wurde in den Gaskammern der Nazis Kohlenmonoxid (siehe 4.3.2) und Zyklon B, eine Blausäuremischung (siehe 4.3.1), zur Vernichtung hunderttausender Menschen verwendet.

Im Japanischen – Chinesischen Krieg setzte Japan während 1937 – 1945 als einziger Kriegsteilnehmer und Verbündeter Deutschlands chemische Kampfstoffe ein. Zu diesen zählten verschiedene Reizkampfstoffe sowie Hautkampfstoffe, wie zum Beispiel Schwefellost (siehe 4.2.1).

5.3. Vietnamkrieg

Im Vietnamkrieg setzten die USA mehrere Herbizide (siehe 3.3), insbesondere „Agent Orange", ein. Dies ist ein Entlaubungsmittel, dessen Namen daher kommt, dass es in orangenen Behältern aufbewahrt wurde. Insgesamt wurden etwa 80 000 000 l Herbizide neben weiteren chemischen Kampfstoffen, wie Reiz- und Atemkampfstoffen, eingesetzt, um Verstecke der nordvietnamesischen Vietcong-Guerillas[58]

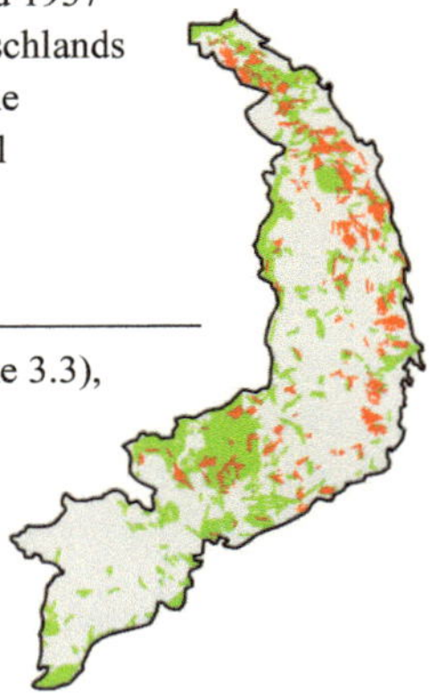

Karte 3
Südvietnam
Entlaubung
Ernteveernichtung
https://upload.wikimedia.org/wikipedia/com
mons/6/6b/GVN_Herbicide.png [Bearbeitet]

---

[56] Vgl. (Schnedlitz, 2008, p. 15)
[57] Vgl. (Bundeszentrale für politische Bildung, 2011)
[58] Guerilla: span. „kleiner Krieg", bezeichnet irreguläre Kriegsführung gegen den eigenen Staat bzw. ein fremdes Besetzungs- oder Kolonialregime. Gruppen agieren in kleinen beweglichen Einheiten und bevorzugen den Überraschungsangriff, die Sabotage und den Hinterhalt (Brockhaus-Lexikonredaktion, 2003, p. 2798)

aufzudecken. Der Kampfstoff war jedoch durch „2,3,7,8-TCDD" verunreinigt, einem hochgiftigen Dioxin, das Krebs erzeugt und das Erbgut schädigt[59].

Dadurch wurden 58 000 km² Boden vergiftet, wovon 38 000 km², rund 22% der Fläche Südvietnams, langfristig betroffen sind. Von dieser Vergiftung waren ungefähr 4 Millionen Einheimische betroffen.

Auch die Menschen direkt, Soldaten wie Zivilisten, wurden durch die chemischen Kampfstoffe geschädigt. Dadurch kommt es zu Missbildungen bei Neugeborenen sowie zu einer erhöhten Krebsrate[60], auch noch heute in der dritten Generation. Derzeit gibt es 150 000 Vietnamesen, die mit Krankheiten, Fehlbildungen oder schweren Behinderungen geboren wurden (siehe Abbildung 19), die auf die Vergiftungen aus Zeiten des Vietnamkriegs zurückzuführen sind.[61]

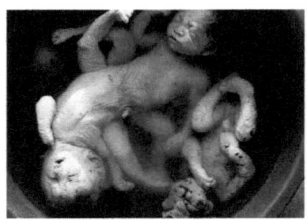

Abbildung 19
Deformierte vietnamesische Totgeburten
https://upload.wikimedia.org/wikipedia/en/a/a0/Agent-orange-dead-deformed-babies.jpg

5.4.   Erster Golfkrieg

Auch im ersten Golfkrieg wurden chemische Kampfstoffe eingesetzt. Hier setzten das irakische Militär Schwefellost, Tabun, VX, Sarin und Cyclosarin, eine abgeänderte Version Sarins, gegen den Iran ein.

Es starben rund 100 000 iranische Soldaten und Zivilisten, davon 20 000 durch die grausamen Nervenkampfstoffe. Das Grausame an diesem Krieg war aber die Tatsche, dass der Irak die chemischen Kampfstoffe auch gezielt gegen Zivilisten einsetzte.

Abbildung 20
Iranischer Soldat mit Gasmaske
http://upload.wikimedia.org/wikipedia/commons/e/e1/Chemical_weapon1.jpg

Der populärste Fall dieser Angriffe auf Zivilisten war der Angriff auf ein kurdisches Dorf am 16. März 1988, bei dem rund 5 000 Zivilisten getötet und fast 10 000 schwer verletzt wurden[62].

5.5.   Bürgerkrieg Syrien

Der Bürgerkrieg in Syrien ist die bisher letzte militärische Auseinandersetzung, in der chemische Kampfstoffe eingesetzt wurden. Lange wurde

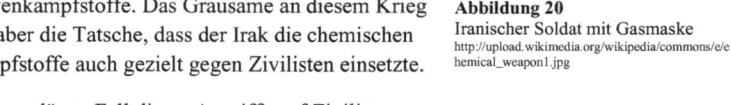

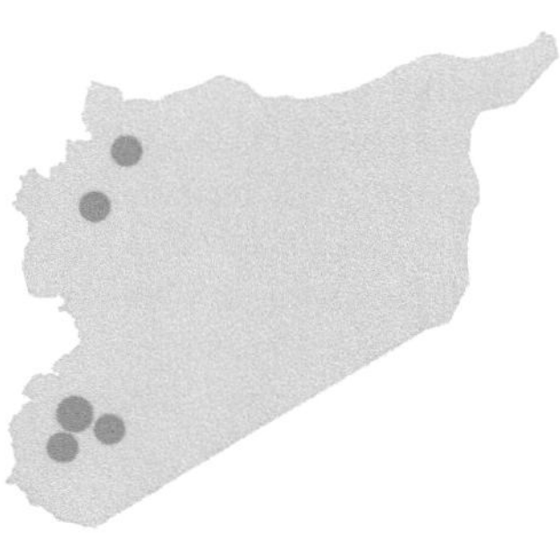

Karte 4
Nachgewiesene Einsätze chemischer Kampfstoffe in Syrien

---

[59] Vgl. (Bundeszentrale für politische Bildung, 2011)
[60] Vgl. (Schnedlitz, 2008, p. 18)
[61] Vgl. (Manon Priebe, 2014, p. 34)
[62] Vgl. (Schnedlitz, 2008, p. 19)

gezweifelt, aber letztendlich bestätigten die UN-Kommissare, dass bei mehreren Anschlägen auf syrische Rebellen chemische Kampfstoffe eingesetzt wurden.

In Ghuta, einem Vorort von Damaskus, wurden ebenfalls chemische Kampfstoffe nachgewiesen. Hier wurden am 21. August 2013 hunderte Menschen getötet. In weiteren 6 Orten konnten chemische Kampfstoffe nachgewiesen werden, wovon jedoch die Beweise in zwei Orten nicht als eindeutig gelten.

Nun wurde jedoch begonnen, unter Aufsicht der OPCW (siehe 6.3.2) die chemischen Kampfstoffe Syriens zu vernichten.

6. Internationale Abkommen gegen chemische Kampfstoffe

Nachdem wesentliche militärische Konflikte, in denen chemische Kampfstoffe zum Einsatz kamen, aufgezählt wurden, soll nun dargelegt werden, welche internationalen Verträge und Maßnahmen es gibt, um den Einsatz chemischer Kampfstoffe zu verhindern.

6.1. Haager Landkriegsordnung

1899 bei der ersten Haager Friedenskonferenz wurde die Haager Landkriegsordnung beschlossen.

Im 1. Kapitel findet sich hier der Beschluss, dass die „Verwendung von Gift oder vergifteten Waffen"[63] untersagt ist.

Sie ist bis heute eines der bedeutendsten noch gültigen Dokumente zum Kriegsrecht, „scheitert jedoch an der mangelnden Rechtsübersetzung[64] und ist daher keine solide Verbotsgrundlage."[65]

6.2. Genfer Protokoll von 1925

Das Genfer Protokoll ist ein sehr wichtiger völkerrechtlicher Vertrag, der am 17. Juni 1925 in Genf unterzeichnet wurde. Bisher sind 137 Parteien dem Vertrag beigetreten.

Alle Parteien erkennen das Verbot „erstickende[r], giftige[r] oder ähnliche[r] Gase[] sowie von allen derartigen Flüssigkeiten, Stoffen oder Verfahrensarten im Kriege"[66] an.

Jedoch ist auch hier die Definition der verbotenen Stoffe unzureichend, da zum Beispiel ungeklärt bleibt, ob Reizkampfstoffe (siehe 3.2) auch unter dieses Verbot fallen, weil oft die Aussage „nur tödliche Stoffe" getroffen wurde[67]. Doch wie schon in 4 erwähnt, hängt die Letalität meist von der Dosierung ab und nicht von der Art des Stoffes.

---

[63] Vgl. (BSB München, 1907, p. 19)
[64] Rechtsübersetzung: Syn. Rechtsauffassung, bezeichnet die Auffassung, die das Recht und seine Auslegung betrifft (Dudenredaktion, 2013)
[65] (Schnedlitz, 2008, p. 51)
[66] (Anon., 1925, p. 1)
[67] Vgl. (Schnedlitz, 2008, p. 51)

Karte 5
Unterzeichnerstaaten des Genfer Protokolls
Unterzeichnet
Nicht unterzeichnet
https://upload.wikimedia.org/wikipedia/commons/thumb/7/7b/Geneva_Protocol.svg/940px-Geneva_Protocol.svg.png

6.3. Chemiewaffenkonvention von 1992

Die Chemiewaffenkonvention, auch Chemiewaffenübereinkommen genannt, trat am 29. April 1997 nach Ratifizierung[68] des 65. Staates in Kraft. Inzwischen haben bis zum 14. Oktober 2013 190 Staaten den Vertrag ratifiziert.[69] Das bedeutet, dass die Chemiewaffenkonvention rund 98% der Weltbevölkerung und der Chemieindustrie erfasst.[70]

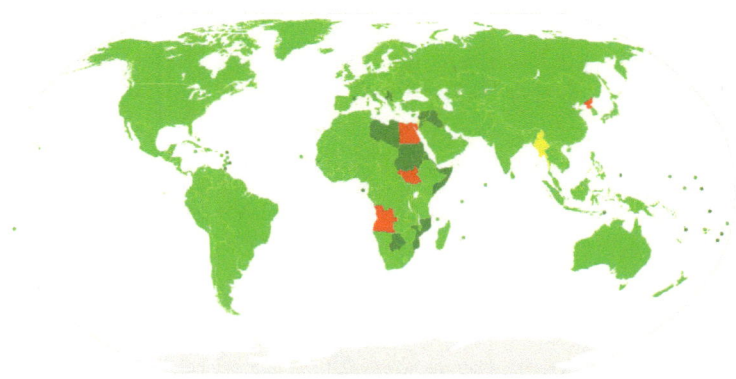

Karte 6
Mitgliedstaaten der Chemiewaffenkonvention
Unterzeichnet und ratifiziert
Beitretend
Unterzeichnet, aber nicht ratifiziert
Nicht unterzeichnet
https://upload.wikimedia.org/wikipedia/commons/thumb/9/9b/CWC_Participation.svg/863px-CWC_Participation.svg.png

---

[68] Ratifizierung: Inkraftsetzung eines völkerrechtlichen Vertrags durch das Staatsoberhaupt (Brockhaus-Lexikonredaktion, 2003, p. 6031)
[69] Vgl. (OPCW, 2013)
[70] Vgl. (Auswärtiges Amt, 2013)

6.3.1. Inhalt

Alle Unterzeichner der Chemiewaffenkonvention verpflichten sich, niemals

a) „chemische Waffen zu entwickeln, herzustellen, auf andere Weise zu erwerben,
zu lagern oder zurückzubehalten oder chemische Waffen an irgend jemanden
unmittelbar oder mittelbar weiterzugeben;
b) chemische Waffen einzusetzen;
c) militärische Vorbereitungen für den Einsatz chemischer Waffen zu treffen;
d) irgend jemanden in irgendeiner Weise zu unterstützen, zu ermutigen oder zu
veranlassen, Tätigkeiten vorzunehmen, die einem Vertragsstaat aufgrund dieses
Übereinkommens verboten sind."[71]

Weiterhin muss jeder Vertragsstaat seine vorhandenen Bestände offenlegen und unter
internationaler Aufsicht vernichten. Dazu wurde die „Organisation zum Verbot
chemischer Waffen" (siehe 6.3.2) gegründet.

6.3.2. OPCW

Die „Organisation zum Verbot chemischer Waffen" oder
„Organisation for the Prohibition of Chemical Weapons"
wurde in Zusammenhang mit der Chemiewaffenkonvention
von 1992 am 29. April 1997 gegründet. Ihr Hauptsitz liegt
in Den Haag und sie hat vertragliche Beziehungen zu den
Vereinten Nationen.

Abbildung 21
Logo der OPCW
http://www.opcw.org/index.php?eID=dam
_frontend_push&docID=6526

Die Organisation ist für die Überwachung der Einhaltung
und für die Umsetzung der Chemiewaffenkonvention
zuständig. Die Umsetzung besteht darin, dass sie die Vernichtung der chemischen
Kampfstoffe überwacht und in Verdachtsfällen unangekündigte Untersuchungen von
zum Beispiel Chemiefabriken durchführt.

Für ihre Untersuchungen zu Chemiewaffen in Syrien erhielt sie 2013 den
Friedensnobelpreis.

---

[71] (Bundesamt für Wirtschaft und Ausfuhrkontrolle, 1994, p. 6)

7. Fazit

Schon bei der Recherche nach dem Aufbau und der Wirkungsweise chemischer Kampfstoffe stellte sich die Ausgangsfrage „Warum sind chemische Kampfstoffe verboten?" eigentlich nicht mehr.

In der Auseinandersetzung mit diesem Thema beschäftigte mich nicht nur der chemische Aspekt, sondern ebenso die politische und im Besonderen auch die ethische Sicht.

Jeder Krieg hat etwas Unmenschliches und seine Folgen sind kaum absehbar, aber der Einsatz von chemischen Kampfstoffen ist eine weitere Steigerung dieser Unberechenbarkeit, Unkontrollierbarkeit und Verantwortungslosigkeit. Bis heute haben die Menschen in Vietnam unter den Folgeerscheinungen des fast flächendeckenden Einsatzes dieser Kampfstoffe zu leiden. Auch die Vernichtung dieser Kampfstoffe stellt im Vergleich zur Vernichtung konventioneller Waffen ein viel größeres Problem dar und ist sehr aufwendig wie kostspielig . Die Verseuchung ganzer Regionen kann die Folge sein. Der Bürgerkrieg in Syrien ist ein trauriges aktuelles Beispiel für die Unberechenbarkeit und Perfidität des Einsatzes dieser Kampfstoffe – sogar gegen die eigene Bevölkerung.

Zum Ende meiner Arbeit kann ich also feststellen, dass internationale Abkommen gegen chemische Waffen unbedingt ihre Berechtigung haben und auf ihre Einhaltung noch stärker geachtet werden muss. Außerdem sollte bei Verletzung dieser Abkommen ein stärkeres internationales Eingreifen erfolgen.

Beenden möchte ich meine Arbeit mit folgen Worten Karl Jaspers', Psychiater und Philosoph:

„Der Krieg ist in wachsendem Umfang kein Kampf mehr, sondern ein Ausrotten durch Technik."[72] ... oder durch Chemie.

---

[72] (Jaspers, kein Datum)

8. Anmerkungen

8.1. Molekülstrukturen

Die Zeichnungen der Molekülstrukturen in dieser Arbeit wurden in dem Programm MarvinSketch® von ChemAxon® erstellt und sind in Valenzstrichform[73] dargestellt. Die Farben der einzelnen Elemente sind nach dem CPK-Modell vergeben.

Weiterhin wurden die Kohlenstoff-Moleküle (C) sowie die Kohlenwasserstoffverbindungen ausgelassen. Diese sind aber nachzuvollziehen, da Kohlenstoff eine Valenz von 4 besitzt und die nicht dargestellten Valenzen aus Wasserstoff bestehen (siehe Abbildung 22).

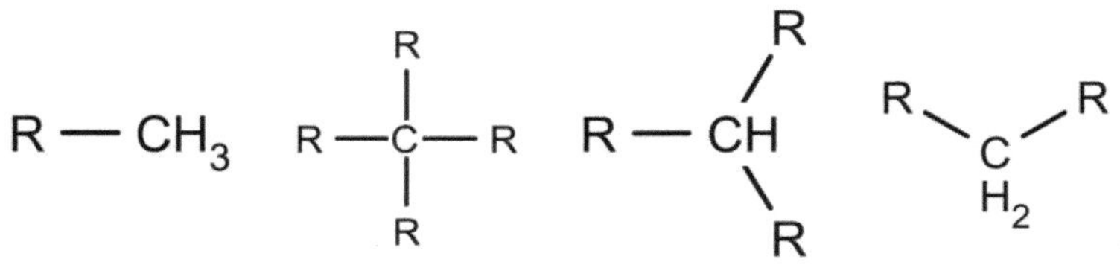

Abbildung 22
Weggelassene C-, CH-, CH$_2$-, bzw. CH$_3$- Teilchen

8.2. Definitionen

Die Definitionen von Fachbegriffen stammen von vielen unterschiedlichen Quellen, die auch aus diesem Grund im Quellenverzeichnis stehen.

Sie wurden aber nur zum Zweck der Definition genutzt.

Diese Quellen sind:

- Brockhaus-Lexikonredaktion, 2003. *Brockhaus Universallexikon.* Sonderausgabe Hrsg. Leipzig: F.A. Brockhaus GmbH.,

- Dudenredaktion, 1982. *Schülerduden "Die Chemie".* Mannheim: Bibliographisches Institut AG.,

- Dudenredaktion, 2009. *Duden "Die deutsche Rechtschreibung".* Mannheim: Bibliographisches Institut AG.,

- Wikipedia-Autoren, 2013. *Alkoxygruppe.* [Online]
  Available at:
  http://de.wikipedia.org/w/index.php?title=Alkoxygruppe&oldid=120998896
  [Zugriff am 7 Januar 2014].

---

[73] Valenzstrichformel: Strukturformel, in der jede Atombindung durch einen Bindestrich (Valenzstrich) dargestellt wird (Dudenredaktion, 1982, p. 362)

9. Quellenverzeichnis

A. Ochsenbein, L. H., 2003. *Dossier Chemische Kampfstoffe.* [Online]
Available at: http://www.dtig.org/docs/BCW_1.pdf
[Zugriff am 4 Januar 2014].

A. Ochsenbein, L. H., 2003. *Dossier Chemische Kampfstoffe - Chemische Kampfstoffe.*
[Online]
Available at: http://www.dtig.org/docs/BCW_1.pdf
[Zugriff am 4 Januar 2014].

A. Ochsenbein, L. H., 2007. *Dossier Chemische Kampfstoffe - Kampfstoff - Ersteinsätze während dem 1. Weltkrieg.* [Online]
Available at: http://www.dtig.org/docs/BCW_3.pdf
[Zugriff am 7 Februar 2014].

ABC-Waffen-Informationszentrum München, 2001. *Chemische Kampfstoffe (ChKS).*
[Online]
Available at: http://www.abc-waffen.de/home.htm
[Zugriff am 18 Januar 2014].

Academic, 2012. *Dialkylamid.* [Online]
Available at: http://universal_lexikon.deacademic.com/141001/Dialkylamid
[Zugriff am 7 Januar 2014].

AFP, 2013. *An fünf Orten in Syrien Hinweise auf C-Waffen-Einsatz.* [Online]
Available at: http://www.stern.de/news2/aktuell/an-fuenf-orten-in-syrien-hinweise-auf-c-waffen-einsatz-2077268.html
[Zugriff am 16 Februar 2014].

AFP, 2013. *UN-Inspektoren bestätigen Einsatz von Chemiewaffen in Syrien.* [Online]
Available at: http://www.t-online.de/nachrichten/specials/id_66992374/buergerkrieg-in-syrien-un-inspektoren-bestaetigen-chemiewaffen-einsatz.html
[Zugriff am 16 Februar 2014].

Allekotte, W., 2014. *Die GEKA: Tödliche Altlasten sicher entsorgen.* [Online]
Available at:
http://www.bundeswehr.de/portal/a/bwde/!ut/p/c4/NYu7DsIwEAT_yBdHQijpsNzQUg
BJg5zkFE74ER0X3PDx2AW70jSzCyOURveh1Qml6DzcYZipn7Ka8oLKvWRH7_Gt
MpIg40OeGDDCrR7LYE4RpVIwChWu7CSx2hKLr2ZnLkbRAkOjrdHH5h_97ezBm
mvXtvZsLrCFcPoBxzfgwg!!/
[Zugriff am 15 Februar 2014].

Anon., 1925. *Protokoll über das Verbot der Verwendung von erstickenden, giftigen oder ähnlichen Gasen sowie von bakteriologischen Mitteln im Kriege.* [Online]
Available at: http://www.admin.ch/opc/de/classified-

compilation/19250020/200910090000/0.515.105.pdf
[Zugriff am 28 12 2013].

Auswärtiges Amt, 2013. *Übereinkommen über das Verbot chemischer Waffen (CWÜ)*. [Online]
Available at: http://www.auswaertiges-amt.de/DE/Aussenpolitik/Friedenspolitik/Abruestung/BioChemie/Verbot-C-Waffen_node.html
[Zugriff am 15 Februar 2014].

Bonk, R., 2014. *Bundeswehr und Abrüstung*. [Online]
Available at:
http://www.bmvg.de/portal/a/bmvg/!ut/p/c4/Rck9DoAgDEDhs3gBurt5C3UhFBtowEL4vb5s5i1f8uCGlZjBzjROYiKccFnecSp8h1OVrafiiVvNKXLjoAyWTrV1cQq7PFQn-aKX9H8gh2P7AINazxI!/
[Zugriff am 15 Februar 2014].

Brockhaus-Lexikonredaktion, 2003. *Brockhaus Universallexikon*. Sonderausgabe Hrsg. Leipzig: F.A. Brockhaus GmbH.

BSB München, 1907. *Abkommen betreffend die Gesetze und Gebräuche des Landkriegs [Haager Landkriegsordnung]*. [Online]
Available at: http://www.1000dokumente.de/pdf/dok_0201_haa_de.pdf
[Zugriff am 14 2 2014].

Bundesamt für Wirtschaft und Ausfuhrkontrolle, 1994. *Übereinkommen über das Verbot der Entwicklung, Herstellung, Lagerung und des Einsatzes chemischer Waffen und über die Vernichtung solcher Waffen*. [Online]
Available at: http://www.bafa.de/ausfuhrkontrolle/de/cwue/vorschriften_pdf/cwue.pdf
[Zugriff am 14 Februar 2014].

Bundesamt für Wirtschaft und Ausfuhrkontrolle, kein Datum *Chemiewaffenübereinkommen*. [Online]
Available at: http://www.bafa.de/ausfuhrkontrolle/de/cwue/index.html
[Zugriff am 14 Februar 2014].

Bundeszentrale für politische Bildung, 2011. *Chemische Kampfstoffe im Einsatz*. [Online]
Available at: http://sicherheitspolitik.bpb.de/faktensammlung-und-glossar/faktensammlung/Faktensammlung-zu-Massenvernichtungswaffen/Chemische-Kampfstoffe-im-Einsatz
[Zugriff am 15 Februar 2014].

Bundeszentrale für politische Bildung, 2011. *Chemische Waffen*. [Online]
Available at: http://sicherheitspolitik.bpb.de/faktensammlung-und-glossar/faktensammlung/Faktensammlung-zu-Massenvernichtungswaffen/Chemische-

Waffen
[Zugriff am 15 Januar 2014].

Bundeszentrale für politische Bildung, 2011. *C-Waffen-Verbot, Nichtverbreitung und C-Waffen-Abrüstung.* [Online]
Available at: http://sicherheitspolitik.bpb.de/index.php?page=C-Waffen-Verbot-Nichtverbreitung-und-C-Waffen-Abruestung
[Zugriff am 15 Februar 2014].

Chemie.de, 2013. *Liste chemischer Kampfstoffe.* [Online]
Available at: http://www.chemie.de/lexikon/Liste_chemischer_Kampfstoffe.html
[Zugriff am 18 Dezember 2013].

Chemie.de, 2013. *VX.* [Online]
Available at: http://www.chemie.de/lexikon/VX.html
[Zugriff am 5 Februar 2014].

Daunderer, kein Datum *Lewisit.* [Online]
Available at: http://toxcenter.org/stoff-infos/l/lewisit.pdf
[Zugriff am 19 Januar 2014].

DeCarvalho, J. P., 2013. *Gerhard Schrader.* [Online]
Available at: http://www.toxipedia.org/display/toxipedia/Gerhard+Schrader
[Zugriff am 29 Dezember 2013].

Department of Health an Human Services, 2003. *Wissenswertes über Senfgas.* [Online]
Available at: http://www.bt.cdc.gov/agent/sulfurmustard/german/pdf/facts.pdf
[Zugriff am 16 Januar 2014].

Diana Fong, C. B., 2013. *Sarin, der heimtückische Killer.* [Online]
Available at: http://www.dw.de/sarin-der-heimt%C3%BCckische-killer/a-17152230
[Zugriff am 22 Dezember 2013].

DocCheckFlexikon, kein Datum *Acetylcholin.* [Online]
Available at: http://flexikon.doccheck.com/de/Acetylcholin
[Zugriff am 28 Dezember 2013].

DocCheckFlexikon, kein Datum *Senfgas.* [Online]
Available at: http://flexikon.doccheck.com/de/Senfgas
[Zugriff am 12 Januar 2014].

Drach, M. C. S. v., 2010. *Haut- und Nervenkampfstoffe.* [Online]
Available at: http://www.sueddeutsche.de/wissen/chemische-waffen-haut-und-nervenkampfstoffe-1.605256
[Zugriff am 21 Januar 2014].

Dudenredaktion, 1982. *Schülerduden "Die Chemie".* Mannheim: Bibliographisches Institut AG.

Dudenredaktion, 2009. *Duden "Die deutsche Rechtschreibung"*. Mannheim: Bibliographisches Institut AG.

Dudenredaktion, 2013. *Rechtsauffassung, die.* [Online]
Available at: http://www.duden.de/node/727558/revisions/1166298/view
[Zugriff am 16 Februar 2014].

Hofmann, S. J., 2013. *Der erste Einsatz von Giftgas als Kriegswaffe.* [Online]
Available at: http://www.dw.de/der-erste-einsatz-von-giftgas-als-kriegswaffe/a-17053767
[Zugriff am 14 Februar 2014].

Jaspers, K., kein Datum *Zitate Online.* [Online]
Available at: http://www.zitate-online.de/literaturzitate/allgemein/1057/der-krieg-ist-in-wachsendem-umfang-kein-kampf.html
[Zugriff am 18 Februar 2014].

Kirstein, W., kein Datum *Chemiewaffen und Chemiewaffenübereinkommen.* [Online]
Available at: http://www.znf.uni-hamburg.de/Folien2504.pdf
[Zugriff am 10 Februar 2014].

Langenhan, J., kein Datum *Chemische Kampfmittel.* [Online]
Available at: http://abc-gefahren.de/dateien/erkundung/chemka~1.pdf
[Zugriff am 14 Februar 2014].

Laudurner, U., 2012. *Das Gift des Diktators.* [Online]
Available at: http://www.zeit.de/2012/50/Syrien-Assad-Chemiewaffen
[Zugriff am 14 Februar 2014].

Manon Priebe, A. W., 2014. Krieg hört nie auf. *chrismon*, Ferbuar, pp. 30-34.

Müller-Mertens, M., 2013. *Obamas Chemiewaffen – USA horten weiterhin jene Massenvernichtungswaffen, die sie Syrien vorwerfen.* [Online]
Available at: http://www.berliner-umschau.de/news.php?id=18214&title=Obamas+Chemiewaffen+%96+USA+horten+weiterhin+jene+Massenvernichtungswaffen%2C+die+sie+Syrien+vorwerfen&storyid=1001378815455
[Zugriff am 14 Februar 2014].

Niemann, T., 2000. Gefährliche Päckchen. *bild der wissenschaft*, November, p. 29.

n-tv, 2012. *USA beseitigen "Agent Orange".* [Online]
Available at: http://www.n-tv.de/politik/USA-beseitigen-Agent-Orange-article6930761.html
[Zugriff am 15 Februar 2014].

OPCW, 2013. *STATUS OF PARTICIPATION IN THE CHEMICAL WEAPONS CONVENTION.* [Online]

Available at: http://www.opcw.org/index.php?eID=dam_frontend_push&docID=16815
[Zugriff am 14 Februar 2014].

Prof. Dr. Dr. Willibald Pschyrembel, 1990. *Pschyrembel Klinisches Wörterbuch.* Berlin, New York: Walter de Gruyter & Co..

Rebmann, R., 2007. *Augenreizstoffe.* [Online]
Available at: http://www.gifte.de/B-%20und%20C-Waffen/augenreizstoffe.htm
[Zugriff am 14 Februar 2014].

Rebmann, R., 2007. *Diphosgen.* [Online]
Available at: http://www.gifte.de/B-%20und%20C-Waffen/diphosgen.htm
[Zugriff am 6 Februar 2014].

Rebmann, R., 2007. *Hautkampfstoffe.* [Online]
Available at: http://www.gifte.de/B-%20und%20C-Waffen/hautkampfstoffe.htm
[Zugriff am 1 Januar 2014].

Rebmann, R., 2007. *Lungenkampfstoffe.* [Online]
Available at: http://www.gifte.de/B-%20und%20C-Waffen/lungenkampfstoffe.htm
[Zugriff am 18 Januar 2014].

Rebmann, R., 2007. *Nervenkampfstoffe.* [Online]
Available at: http://www.gifte.de/B-%20und%20C-Waffen/nervenkampfstoffe.htm
[Zugriff am 28 Dezember 2013].

Rebmann, R., 2007. *Reizstoffe.* [Online]
Available at: http://www.gifte.de/B-%20und%20C-Waffen/reizstoffe.htm
[Zugriff am 14 Februar 2014].

Rebmann, R., 2007. *Sarin.* [Online]
Available at: http://www.gifte.de/B-%20und%20C-Waffen/sarin.htm
[Zugriff am 27 Dezember 2013].

Rebmann, R., 2007. *VX.* [Online]
Available at: http://www.gifte.de/B-%20und%20C-Waffen/vx.htm
[Zugriff am 19 Dezember 2013].

Reich, J., 2001. Und morgen Bioterrorismus?. *bild der wissenschaft*, November, p. 12.

REUTERS, 2008. *Aufklärung über Chemiewaffen aus dem Zweiten Weltkrieg gefordert.* [Online]
Available at: http://www.focus.de/panorama/vermischtes/europarat-aufklaerung-ueber-chemiewaffen-aus-dem-zweiten-weltkrieg-gefordert_aid_305304.html
[Zugriff am 12 Februar 2014].

Schmidt, P. D. R. F., 1985. *Physiologie des Menschen.* 22 Hrsg. Berlin, Heidelberg, New York, Tokio, London, Tokio: Springer Verlag.

Schnedlitz, M., 2008. *Chemische Kampfstoffe: Geschichte, Entwicklung und Einsatz.* Norderstedt: GRIN Verlag GmbH.

Seilnacht, T., kein Datum *Blausäure (Cyanwasserstoff).* [Online]
Available at: http://www.seilnacht.com/Chemie/ch_hcn.html
[Zugriff am 11 Januar 2014].

Sietz, H., 2013. *Eine deutsche Erfindung.* [Online]
Available at: http://www.zeit.de/2013/27/chemiewaffe-sarin-nationalsozialismus-sowjetunion
[Zugriff am 18 Januar 2014].

Standke, O., 2013. *Chemiewaffen im Visier.* [Online]
Available at: http://www.neues-deutschland.de/artikel/831383.chemiewaffen-im-visier.html
[Zugriff am 15 Februar 2014].

Svenja Janke, N. B., 2008. *Chemische Kampfstoffe.* [Online]
Available at: http://werz.chemie.uni-goettingen.de/download/Chemische_Kampfstoffe_090508.pdf
[Zugriff am 2 Januar 2014].

Tainton, E., 2003. *Massenvernichtungswaffen.* [Online]
Available at: http://www.lernprotest.de/referate/Kampfgase.html
[Zugriff am 3 Januar 2014].

The Weapons of Mass Destruction Commission, 2006. *Waffen des Terrors.* [Online]
Available at: http://www.auswaertiges-amt.de/cae/servlet/contentblob/348988/publicationFile/4073/060601-WMDC-Abschlussbericht-WaffendesTerrors.pdf
[Zugriff am 15 Februar 2014].

Thomas Karow, R. L.-R., 2013. *Allgemeine und spezielle Pharmakologie und Toxikologie.* 21 Hrsg. Puhlheim: Karow.

Tiedke, M., 2013. *Konvention ohne rechliche Handhabe.* [Online]
Available at:
http://www.bmvg.de/portal/a/bmvg/!ut/p/c4/NYtNC8IwEET_UTaBIujN2ItXEWq9pWlIV_PFdlsv_niTgzPwDvMYeEJtMjt6w5iTCfCA0eJp-ogp7l688kZ1FSvaxdHikNeSAzK-YWjX2Qmbk-NGdomx0pPhTKJk4tDMRlSNwBlGqXotlfxHfY_6ftEH2XX9Vd-gxHj-AQdwTK4!/
[Zugriff am 15 Februar 2014].

Training am Kampfstoff. 2013. [Film] Regie: YouTube Bundeswehr. USA: YouTube Bundeswehr.

Universal-Lexikon, 2012. *Universal-Lexikon.* [Online]
Available at: http://universal_lexikon.deacademic.com/141001/Dialkylamid
[Zugriff am 11 Februar 2014].

Weiden, S. v. d., 2013. *Ein Tropfen Sarin genügt, um Menschen zu töten.* [Online]
Available at: http://www.welt.de/wissenschaft/article120191939/Ein-Tropfen-Sarin-genuegt-um-Menschen-zu-toeten.html
[Zugriff am 1 Januar 2014].

Weigl, L., 2003. *Chemische Kampfstoffe.* [Online]
Available at: http://www.politik-und-sicherheit.de/Alte_Teile/Archiv/09/09_12.html
[Zugriff am 3 Januar 2014].

Wikipedia-Autoren, 2013. *Alkoxygruppe.* [Online]
Available at:
http://de.wikipedia.org/w/index.php?title=Alkoxygruppe&oldid=120998896
[Zugriff am 7 Januar 2014].

Wikipedia-Autoren, 2013. *Blutkampfstoff.* [Online]
Available at:
http://de.wikipedia.org/w/index.php?title=Blutkampfstoff&oldid=119465529
[Zugriff am 6 Februar 2014].

Wikipedia-Autoren, 2013. *Genfer Protokoll.* [Online]
Available at:
http://de.wikipedia.org/w/index.php?title=Genfer_Protokoll&oldid=119658434
[Zugriff am 12 Februar 2014].

Wikipedia-Autoren, 2013. *Haager Landkriegsordnung.* [Online]
Available at:
http://de.wikipedia.org/w/index.php?title=Haager_Landkriegsordnung&oldid=124073091
[Zugriff am 15 Februar 2014].

Wikipedia-Autoren, 2013. *Hautkampfstoff.* [Online]
Available at:
http://de.wikipedia.org/w/index.php?title=Hautkampfstoff&oldid=116529442
[Zugriff am 26 Januar 2014].

Wikipedia-Autoren, 2013. *Lungenkampfstoff.* [Online]
Available at:
http://de.wikipedia.org/w/index.php?title=Lungenkampfstoff&oldid=116987894
[Zugriff am 14 Januar 2014].

Wikipedia-Autoren, 2013. *Nervenkampfstoff.* [Online]
Available at:
http://de.wikipedia.org/w/index.php?title=Nervenkampfstoff&oldid=124307462
[Zugriff am 3 Januar 2014].

Wikipedia-Autoren, 2013. *Nesselstoff.* [Online]
Available at: http://de.wikipedia.org/w/index.php?title=Nesselstoff&oldid=123138827
[Zugriff am 5 Januar 2014].

Wikipedia-Autoren, 2013. *Toxin.* [Online]
Available at: http://de.wikipedia.org/w/index.php?title=Toxin&oldid=125840316
[Zugriff am 14 Januar 2014].

Wikipedia-Autoren, 2014. *Chemiewaffenkonvention.* [Online]
Available at:
http://de.wikipedia.org/w/index.php?title=Chemiewaffenkonvention&oldid=126078663
[Zugriff am 13 Januar 2014].

Wikipedia-Autoren, 2014. *Chemische Waffe.* [Online]
Available at:
http://de.wikipedia.org/w/index.php?title=Chemische_Waffe&oldid=127111535
[Zugriff am 14 Februar 2014].

Wikipedia-Autoren, 2014. *Gaskrieg während des Ersten Weltkrieges.* [Online]
Available at:
http://de.wikipedia.org/w/index.php?title=Gaskrieg_w%C3%A4hrend_des_Ersten_Welt
krieges&oldid=126913975
[Zugriff am 13 Februar 2014].

Wikipedia-Autoren, 2014. *Liste chemischer Kampfstoffe.* [Online]
Available at:
http://de.wikipedia.org/w/index.php?title=Liste_chemischer_Kampfstoffe&oldid=12752
1411
[Zugriff am 14 Februar 2014].

Wikipedia-Autoren, 2014. *Liste von Kriegen.* [Online]
Available at:
http://de.wikipedia.org/w/index.php?title=Liste_von_Kriegen&oldid=126272290
[Zugriff am 15 Februar 2014].

Wikipedia-Autoren, 2014. *Reizstoff.* [Online]
Available at: http://de.wikipedia.org/w/index.php?title=Reizstoff&oldid=127505012
[Zugriff am 14 Februar 2014].

Zeh, J., 2011. *Was ist Senfgas?.* [Online]
Available at: http://www.n-tv.de/wissen/Was-ist-Senfgas-article2703081.html
[Zugriff am 17 Januar 2014].